essentials

T0194832

Essentials liefern aktuelles Wissen in konzentrierter Form. Die Essenz dessen, worauf es als „State-of-the-Art" in der gegenwärtigen Fachdiskussion oder in der Praxis ankommt. Essentials informieren schnell, unkompliziert und verständlich

- als Einführung in ein aktuelles Thema aus Ihrem Fachgebiet
- als Einstieg in ein für Sie noch unbekanntes Themenfeld
- als Einblick, um zum Thema mitreden zu können.

Die Bücher in elektronischer und gedruckter Form bringen das Expertenwissen von Springer-Fachautoren kompakt zur Darstellung. Sie sind besonders für die Nutzung als eBook auf Tablet-PCs, eBook-Readern und Smartphones geeignet.

Essentials: Wissensbausteine aus Wirtschaft und Gesellschaft, Medizin, Psychologie und Gesundheitsberufen, Technik und Naturwissenschaften. Von renommierten Autoren der Verlagsmarken Springer Gabler, Springer VS, Springer Medizin, Springer Spektrum, Springer Vieweg und Springer Psychologie.

Wolfgang Osterhage

Energie ist nicht erneuerbar

Eine Einführung in Thermodynamik,
Elektromagnetismus und
Strömungsmechanik

 Springer Spektrum

Dr. Wolfgang Osterhage
Frankfurt
Deutschland

Der Verlag, die Autoren und die Herausgeber gehen davon aus, dass die Angaben und Informationen in diesem Werk zum Zeitpunkt der Veröffentlichung vollständig und korrekt sind. Weder der Verlag noch die Autoren oder die Herausgeber übernehmen, ausdrücklich oder implizit, Gewähr für den Inhalt des Werkes, etwaige Fehler oder Äußerungen.

ISSN 2197-6708 ISSN 2197-6716 (electronic)
ISBN 978-3-658-07634-4 ISBN 978-3-658-07635-1 (eBook)
DOI 10.1007/978-3-658-07635-1

Die Deutsche Nationalbibliothek verzeichnet diese Publikation in der Deutschen Nationalbibliografie; detaillierte bibliografische Daten sind im Internet über http://dnb.d-nb.de abrufbar.

Springer Spektrum
© Springer Fachmedien Wiesbaden 2014

Springer Spektrum ist eine Marke von Springer DE. Springer DE ist Teil der Fachverlagsgruppe Springer Science+Business Media
www.springer-spektrum.de

Was Sie in diesem Essential finden können

- Vom Urknall zur Nutzbarmachung unserer Energievorräte
- Eine Einführung in die Energiebilanzierung
- Die wichtigsten physikalischen Grundlagen, die bei der Energieumwandlung eine Rolle spielen

Vorwort

Das Wort von der Energiewende ist in aller Munde und beschäftigt die Medien seit 2011, ebenso der Begriff der „erneuerbaren" Energien. Vor diesem Hintergrund sollen in diesem Beitrag wichtige physikalische Grundlagen in einem komprimierten Überblick zusammengefasst werden. Der Beitrag ist der erste von drei geplanten. Das folgende Essential wird sich mit der Tatsache befassen, dass alle energetischen Prozesse auf atom- und kernphysikalische Vorgänge zurückgeführt werden können. Das dritte schließlich stellt ein kurzes Kompendium der im Einsatz befindlichen Energie-Umwandlungstechnologien dar.

Die Inhalte basieren auf einer Vorlesung im Wintersemester 2011/2012 an der Goethe Universität Frankfurt. Die physikalischen Grundlagen finden sich auch bei Osterhage, „Studium Generale Physik", Springer, Heidelberg, 2013. Die Konzepte über Exergie und Anergie sind sehr schön dargestellt bei Baehr, „Thermodynamik: Grundlagen und technische Anwendungen", Springer, Heidelberg, 2005. Wer mehr über die aktuelle Energie-Diskussion erfahren möchte, dem empfehle ich Aichele, „Smart Energy", Springer Vieweg, Wiesbaden, 2012.

Wolfgang Osterhage

Inhaltsverzeichnis

Einleitung

Im Jahre 2011 ereignete sich in Japan eine Tsunami-Naturkatastrophe, bei der u. a. mehrere Kernreaktoren beschädigt wurden. Ursache für die Kernschmelzen war ungenügendes Sicherheitsdesign seitens des Betreibers. Diese Unfälle gaben der damaligen Bundesregierung Anlass, ihr energiepolitisches Konzept vollständig zu revidieren, nachdem erst einige Wochen vorher eine umfassende Laufzeitverlängerung von in Betrieb befindlichen Kernkraftwerken in Deutschland mit den Versorgungsunternehmen vereinbart worden war. Ab jetzt wollte man verstärkt auf den Einsatz „erneuerbarer" Energien setzen.

Dieser Beitrag wird belegen, was physikalisches Allgemeinwissen ist: Energie ist nicht erneuerbar. Wäre das der Fall, käme das einer „creatio ex nihilo" gleich. Eine solche Sicht der Dinge mag in anderen Kontexten ihre Berechtigung haben, wurde aber in der Physik spätestens mit Fred Hoyles Steady State Universum ad acta gelegt. Energie wird niemals erzeugt oder erneuert, sondern höchstens umgewandelt – und zwar mit der Verringerung der nutzbaren Komponente. Das trifft auf den gesamten Kosmos zu, auf unseren Lebensraum hier auf der Erde und auf jedes zur Energieumwandlung eingesetzte Aggregat. Davon unabhängig sollen diese Betrachtungen keine Wertung der Art der Energieumwandlung sein (seien es Windkraft, Kohleverbrennung oder andere). Das steht auf einem anderen Blatt.

© Springer Fachmedien Wiesbaden 2014
W. Osterhage, *Energie ist nicht erneuerbar,* essentials,
DOI 10.1007/978-3-658-07635-1_1

1.1 Physikalische Hintergründe

Bei Energieumwandlung für unsere Zwecke spielen praktisch alle Disziplinen der Physik mit Ausnahme der Hochenergiephysik und der Kosmologie eine Rolle. Im Folgenden sollen die wichtigsten herausgegriffen werden, da sie für unsere weiteren Betrachtungen von besonderer Bedeutung sind. Diese Gebiete werden wir im Überblick behandeln. Folgende Spezialgebiete sind betroffen:

- Thermodynamik und Wärmeübertragung
- Strömungsmechanik
- Elektromagnetismus.

1.2 Technische Komponenten

Wenn wir uns z. B. den Komponenten einer Wärmekraftanlage zuwenden, dann können wir folgendes Schema zu Grunde legen (Abb. 1.1): Wenn wir das simple Schema mit konkreten Inhalten füllen wollen, dann reden wir grundsätzlich über folgende Komponenten:
Der Prozess kann sein:

- Verbrennung von Kohle, Gas, Öl oder anderen organischen Stoffen
- eine Kettenreaktion in einem Kernreaktor
- Luftbewegung (Wind)
- Aufnahme von Solarenergie
- Aufnahme von Erdwärme
- Fermentierung organischer Stoffe.

Wärmetauscher können entweder die erzeugte Wärme direkt aufnehmen oder an einen Sekundärkreislauf weiter geben.
Der mechanische Wandler ist in der Regel eine Turbine, der elektrische ein Generator.
Es gibt Prozesse, bei denen die eine oder andere Komponente entfallen kann. Dazu gehören Windkraftanlagen (kein Wärmetauscher) und Photovoltaik-Anlagen (kein Wärmetauscher, kein mechanischer Wandler, kein elektrischer Wandler).
Im Folgenden werden wir noch einmal auf den endlichen Energievorrat zu sprechen kommen, der uns zur Verfügung steht. Dann werden wir uns etwas tiefer mit

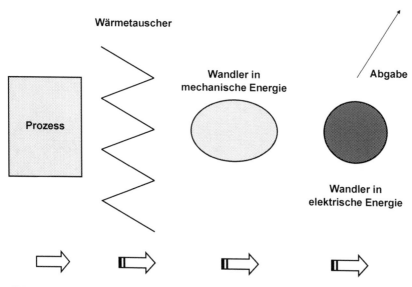

Abb. 1.1 Komponenten der Energieumwandlung

dem 1. und 2. Hauptsatz der Thermodynamik sowie den Energiebilanzen auseinandersetzen, gefolgt von den wichtigsten Gesichtspunkten der Strömungslehre und des Elektromagnetismus, die beide eine wichtige Rolle in Energieanlagen spielen. Zum Schluss kommen wir noch einmal auf die Gesamtenergiebilanz unter Berücksichtigung aller Anteile zurück.

Was steht uns seit dem Urknall an Gesamtenergie zur Verfügung?

Hier noch einmal die kosmologischen Eckdaten (Tab. 2.1).

Das „standard hot big bang model" basiert auf der Tatsache, dass die Gravitation die gesamte Entwicklung des Universums dominiert, die beobachteten Details werden von den Gesetzen der Thermodynamik, der Hydrodynamik, der Atomphysik, der Kernphysik und der Hochenergiephysik bestimmt. Abbildung 2.1 illustriert noch einmal Entstehung und Werdegang unseres Universums.

Es wird davon ausgegangen, dass während der ersten Sekunde nach dem Anfang die Temperatur so hoch war, dass ein vollständiges thermodynamisches Gleichgewicht herrschte zwischen Photonen, Neutrinos, Elektronen, Positronen, Neutronen, Protonen und diversen Hyperionen und Mesonen und möglicherweise Gravitonen.

Nach einigen Sekunden fiel die Temperatur auf etwa 10^{10} K, und die Dichte betrug etwa 10^5 (g/cm^3). Teilchen und Antiteilchen hatten sich ausgelöscht, Hyperionen und Meson waren zerfallen und Neutrinos und Gravitonen hatten sich von der Materie entkoppelt. Das Universum bestand jetzt aus freien Neutrinos und vielleicht Gravitonen, den Feldquanten von hypothetischen Gravitationswellen.

In der nachfolgenden Periode zwischen 2 und etwa 1000 s fand eine erste ursprüngliche Bildung von Elementen statt. Vorher wurden solche Ansätze durch hochenergetische Protonen wieder zerstört. Diese Elemente waren im Wesentlichen α-Teilchen (He^4), Spuren von Deuterium, He^3 und Li, und machten 25 % aus, der Rest waren Wasserstoffkerne (Protonen). Alle schwereren Elemente entstanden später.

© Springer Fachmedien Wiesbaden 2014
W. Osterhage, *Energie ist nicht erneuerbar,* essentials,
DOI 10.1007/978-3-658-07635-1_2

Tab. 2.1 Eckdaten des Kosmos

Maximaler Expansionsradius	$18,94 \times 10^9$ Lichtjahre
Zeit bis zur maximalen Ausdehnung	$29,76 \times 10^9$ Jahre
Alter	$1,4 \times 10^{10}$ Jahre
Heutige Dichte	$14,8 \times 10^{-30}$ (g cm^{-3})
Heutiges Volumen	$38,3 \times 10^{84}$ (cm^3)
Dichte am Maximum	5×10^{-30} (g cm^{-3})
Maximales Volumen	114×10^{84} (cm^3)
Gesamtmasse	$5,68 \times 10^{56}$ (g)
Anzahl Baryonen	$3,39 \times 10^{80}$

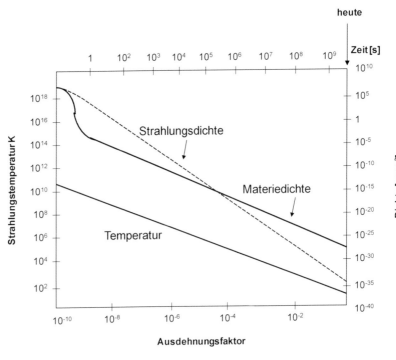

Abb. 2.1 Entwicklung des Kosmos nach dem Urknall

Zwischen 1000 s und 10^5 Jahren danach wurde das thermische Gleichgewicht gehalten durch einen kontinuierlichen Transfer von Strahlung in Materie, sowie permanenter Ionisationsprozesse und Atombildung. Gegen Ende fiel die Temperatur auf wenige tausend Grad. Das Universum wurde nun von Materie statt von Strahlung dominiert. Photonen waren nicht mehr so energiereich, um z. B. Wasserstoffatome permanent zu ionisieren.

Nachdem der Photonendruck verschwunden war, konnte die Kondensation der Materie in Sterne und Galaxien beginnen: zwischen 10^8 und 10^9 Jahre danach.

Wie aus den Eckdaten hervorgeht, sind Masse und Energie im Universum endlich – selbst unter Berücksichtigung der berühmten Einsteingleichung $E = mc^2$ steht uns damit nur ein begrenzter Energievorrat zur Verfügung. Und davon – das werden wir in den Folgeabschnitten sehen – ist wiederum nur eine Teil in nutzbare Energie umwandelbar. Bei den Umwandlungen – gleich welcher Art – wird dabei Energie entwertet, sodass der Anteil nutzbarer Energie stetig abnimmt.

Thermodynamik

3.1 Einleitung

Wir werden zunächst vom Kraftbegriff ausgehen und uns der Definition von Energie über die Arbeit nähern. Die Basis von potenzieller und kinetischer Energie wird uns dann die weitere Behandlung der Thermodynamik ermöglichen. Wir befassen uns also mit Bewegung, sprich Dynamik, und deren auslösende Momente – und zwar auch mit der Bewegung von Wärme selbst.

Nach grundsätzlichen Festlegungen bzgl. der Größe Temperatur werden wir die beiden Hauptsätze der Thermodynamik kennen lernen. Sie sind ausschlaggebend für unser Verständnis dafür, in welche Richtung die Welt sich bewegt, welche wissenschaftlichen und technischen Möglichkeiten existieren und welche nicht.

3.2 Energie

Bevor wir direkt in die Thermodynamik eintauchen, kommen wir nicht darum herum, den Begriff der Energie einzuführen. Energie spielt eine entscheidende Rolle bei allen Phänomenen der klassischen und der modernen Physik.

Um sich ihr anzunähern, wollen wir uns zunächst mit der Arbeit beschäftigen. Als Arbeit bezeichnet man das Ergebnis der Einwirkung einer Kraft. Dieses Ergebnis

© Springer Fachmedien Wiesbaden 2014
W. Osterhage, *Energie ist nicht erneuerbar*, essentials,
DOI 10.1007/978-3-658-07635-1_3

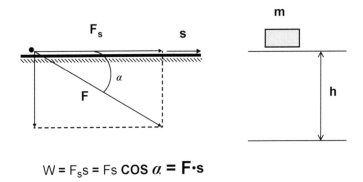

$$W = F_s s = Fs \cos \alpha = \mathbf{F \cdot s}$$

Abb. 3.1 Arbeit

wird als Bewegung sichtbar, die sich mathematisch beschreiben lässt. Um aber Bewegung zu erzeugen, bedarf es der Überwindung eines Widerstandes (s. Abb. 3.1). Dabei kann es sich um die Trägheit einer Masse handeln, um die Anziehungskraft eines anderen Körpers, um Reibung oder Widerstand gegen Verformung. Allgemein errechnet sich die Arbeit aus der Beziehung

$$W = F^*s \; [Nm] \; oder \; [J] \; oder \; [Ws] \; oder \; [kgm^2/s^2] \tag{3.1}$$

Arbeit ist das Produkt aus Kraft (F) mal Weg (s).

Hebt man eine Masse hoch, muss die Erdanziehung überwunden werden:

$$W = -m^*g^*h \tag{3.2}$$

mit h gleich der Höhe, auf die man die Masse bringt. In diesem Falle spricht man von Hubarbeit. Beschleunigungsarbeit ist ein anderes Beispiel.

Die Wirkung von Arbeit lässt sich allerdings erst messen, wenn dabei ein bestimmter Zeitabschnitt betrachtet wird – als Arbeit pro Zeiteinheit:

$$P = \frac{W}{t} \; \left[\frac{J}{s}\right] \; oder \; [Watt] \; oder \; \left[\frac{kgm^2}{s^3}\right] \tag{3.3}$$

In diesem Fall spricht man von Leistung. Und das bringt uns zur Energie.
Hat man einen Körper auf eine bestimmte Höhe unter Erbringung der zugehörigen Arbeit gebracht, so verbirgt sich in dieser Lage ja für den Körper die Möglichkeit,
wieder nach unten zu fallen – z. B. vom Rande eines Sprungbretts. Bei diesem Vor-
gang, bei dem von derselben Masse der gleiche Weg zurückgelegt wird, wird das
an Energie frei, was vorher an Arbeit hineingesteckt werden musste. Diese Energie
könnte man sich praktisch zu Nutze machen, indem man den Aufprall des Körpers
z. B. zur Zerkleinerung von anderen Materialien verwendet. Selbst wenn der Körper
in seiner Höhenlage verbleiben würde, steckt in ihm nach wie vor die Möglichkeit,
diese Energie freizusetzen, wenn jemand sich entscheidet, dafür die Freigabe zu
erteilen. In diesem Fall spricht man von potenzieller Energie:

$$E_{pot} = m^*g^*h \qquad (3.4)$$

Als Pendant dazu existiert die kinetische Energie, auch Wucht genannt, die bei einer
tatsächlichen Bewegung frei wird:

$$E_{kin} = \frac{m^*v^2}{2} \qquad (3.5)$$

Die Formel wird folgendermaßen hergeleitet:

$$E_{pot} = F^*s \qquad (3.6)$$

Im Falle der Hubenergie entspricht F mg und h s. F ist aber auch am und a = v/t,
mit a der Beschleunigung. Nehmen wir an, dass in unserem Beispiel die Anfangs-
geschwindigkeit beim freien Fall $v_0 = 0$ ist und jede dazwischen liegende mittlere
Geschwindigkeit mit v bezeichnet werden soll, so ergibt sich für v zum Zeitpunkt t:

$$v = \frac{(0 + a^*t)}{2} = \frac{a^*t}{2} \qquad (3.7)$$

Daraus resultiert für den Weg s:

$$s = v^*t = \frac{a^*t^2}{2} \qquad (3.8)$$

Durch Einsetzen von ma = mv/t für F in (3.6), und in (3.8) Ersetzen von a durch v/t
ergibt für die kinetische Energie:

$$E_{kin} = \frac{(m^*v/t)(v/t)^*t^2}{2} = \frac{m^*v^2}{2} \qquad (3.9)$$

3.3 Temperatur

Eine weitere Größe, die für die folgenden thermodynamischen Überlegungen notwendig ist, ist die Temperatur. Über unseren Tastsinn können wir relative Temperaturunterschiede ermitteln und zuordnen, ob ein Gegenstand oder ein Gas warm oder kalt ist. Dabei hängt unser Empfinden aber nicht nur von der Temperatur selbst, sondern zum Teil auch von anderen Einflussgrößen wie z. B. der Windgeschwindigkeit ab.

Um uns der exakten Beschreibung zu nähern, bedienen wir uns zunächst des thermischen Gleichgewichts (s. Abb. 3.2).

In den beiden Behältern befindet sich jeweils ein Gas unter bestimmtem Druck mit einem bestimmten Volumen. Die Wand zwischen beiden Systemen lässt keinen Stoffaustausch zu, außerdem keine elektromagnetischen Einflüsse. Die Gase in beiden Behältnissen sind vollkommen voneinander isoliert. Nehmen wir an, dass in jedem Behälter eine unterschiedliche Temperatur T herrscht. Außerdem gehen wir davon aus, dass in jedem Behälter thermisches Gleichgewicht vorhanden ist. Die eingeschwungene Temperatur hängt dann von Volumen und Druck ab:

$$T = f(V, p) \tag{3.10}$$

Wiewohl jeder Behälter für sich zunächst thermisch stabil ist, befindet sich das Gesamtsystem nicht im thermischen Gleichgewicht. Die Trennwand ist Wärme

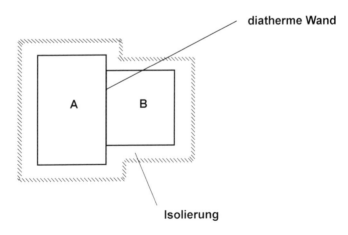

Abb. 3.2 Thermisches Gleichgewicht

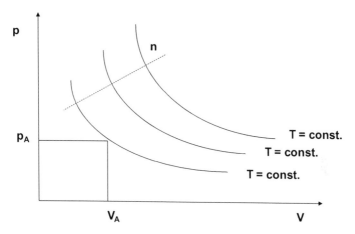

Abb. 3.3 Isotherme

durchlässig, und nach einiger Zeit gleichen sich die Temperaturen in beiden Behältern an, bis das Gesamtsystem sich im thermischen Gleichgewicht befindet. Diese Temperatur ist eine andere als eine von den beiden ursprünglichen.

Ein weiterer Erfahrungswert ist, dass, wenn sich zwei Systeme jeweils mit einem dritten im thermischen Gleichgewicht befinden, sich diese beiden Systeme untereinander ebenfalls im thermischen Gleichgewicht befinden. Man nennt diese Erkenntnis auch den 0ten Hauptsatz der Thermodynamik.

Betrachtet man weiterhin zwei Systeme im thermischen Gleichgewicht und belässt System A konstant, variiert aber z. B. den Druck p_B im System B, so erhält man die Ergebnisse in Abb. 3.3.

Die Kurven nennt man Isotherme. Sie repräsentieren jeweils thermische Gleichgewichtszustände mit System A in Abhängigkeit von einer dritten Variablen, der Temperatur (s. 3.10).

Es gibt eine konkrete Beziehung zwischen Druck, Volumen und Temperatur, die als Zustandsgleichung bezeichnet wird:

$$P^*V = m^*R^*T \tag{3.11}$$

Diese resultiert aus Untersuchungen von Boyle. Dessen Gesetz lautet folgendermaßen:

Für ideale Gase ist bei konstanter Temperatur T und Stoffmenge n das
Volumen V umgekehrt proportional zum Druck p.

$$V_{T,n} \sim \frac{1}{p} \text{ daraus} \qquad (3.12)$$

$$p^* V_{T,n} = \text{const.} \qquad (3.13)$$

Oder:

1. Die Volumina einer und derselben Gasmenge verhalten sich umgekehrt
   wie die Drucke.
2. Die Dichten einer Gasmenge verhalten sich wie die Drucke, aber
   umgekehrt wie die Volumina.

Wenn das Boylesche Gesetz gilt, spricht man von einem idealen Gas. Kein Gas ist
aber für jeden beliebigen Temperatur- und Druckbereich ideal.

Man kann nun bestimmte, zunächst willkürliche Systeme konstruieren, die
man mit anderen Systemen unterschiedlichster Art zusammenbringt, um jeweils
thermische Gleichgewichte zu erzeugen. Zeigen die ersteren die Temperatur in
quantitativer Form an, bezeichnet man sie als Thermometer. Entsprechend ihrer
Konstruktion hat man nun die Möglichkeit, eine Skala zu entwickeln, die es er-
möglicht, Temperaturen zu vergleichen. Im Alltag bei uns wird die Celsius-Skala
benutzt, die sich an den Zustandsphasen des Wassers orientiert. Sei der Temperaturwert am Gefrierpunkt des Wassers gleich 0 und der Temperaturwert am Siedepunkt
100, so hat man zwei Fixpunkte, die man nunmehr in 100 ganzzahlige Fraktionen
unterteilen kann. Solche nennt man Grad. In anderen Ländern haben sich historisch
Reaumur (Frankreich) und Fahrenheit (Großbritannien) entwickelt. Alle Skalen
lassen sich natürlich untereinander umrechnen, wobei sich die Celsiusskala am
weitesten durchgesetzt hat.

Nun ist aber der Gefrierpunkt des Wassers ($0°$) nicht der tiefste Temperaturwert,
wie wir alle aus den Wintern wissen, wenn es negative Temperaturen zu berichten
gibt. Man sollte meinen, die Temperaturskalen würden sich nach oben und nach
unten unbegrenzt ausdehnen. Das ist aber zumindest im negativen Bereich nicht der

Fall. Es existiert eine tiefste Temperatur, unter der nichts mehr geht – im wahrsten Sinnen des Wortes. Sie liegt bei

$$- 273,15\,°C \tag{3.14}$$

In der Wissenschaft nutzt man die Celsiusskala meistens nicht, sondern arbeitet mit Kelvin, der absoluten Temperatur, wobei

$$0\,K - 273,15\,°C \text{ entspricht.} \tag{3.15}$$

Die Kelvinskala nach oben entspricht allerdings in ihrer Einteilung der Celsiusskala. Der Wert 0 K kann nicht erreicht werden. Temperaturwerte sind abhängig von der Bewegungsenergie von Atomen bzw. Molekülen. Je höher die Bewegungsenergie, desto höher auch die Temperatur. Es gibt aber am absoluten Nullpunkt ein Rest von Quantenfluktuationen, die per se nicht weiter reduziert werden können, sodass man sich dem absoluten Nullpunkt zwar beliebig annähern kann, ihn aber letztendlich nie erreicht.

3.4 I. Hauptsatz der Thermodynamik

Unsere Betrachtungen über potenzielle und kinetische Energie haben gezeigt, dass Energieformen ineinander umwandelbar sind. Dabei ändert sich der Energiegehalt nicht. Nun kann es aber Systeme geben, deren Energiezustand weder durch kinetische noch durch potenzielle mechanische Energie (oder elektrische Energie), sondern z. B. durch Zufuhr von Wärme geändert werden kann. Um den Energiezustand eines Systems allgemein zu untersuchen, führen wir den Begriff der Inneren Energie ein.

Der Begriff wurde erstmals geprägt von Robert Mayer, einem Arzt, der Mitte des neunzehnten Jahrhunderts bei seiner langen Überfahrt nach Java Gelegenheit hatte, über den Zusammenhang zwischen Bewegung der Wellen und Wassertemperatur nachzudenken. Später systematisierte er seine Überlegungen, die zur Formulierung des ersten Hauptsatzes der Thermodynamik führten. Er musste aber praktisch bis zu seinem Lebensende um Anerkennung kämpfen, da er eben Mediziner und kein Naturwissenschaftler war.

Betrachten wir wieder ein geschlossenes System, das sich in einem bestimmten Zustand innerer Energie befindet (s. Abb. 3.4). Man nennt ein solches System adiabatisch, wenn sich sein Gleichgewichtszustand nur dadurch ändern kann, dass von oder an ihm Arbeit verrichtet wird. Um ein adiabatisches System von einem

Abb. 3.4 Innere Energie

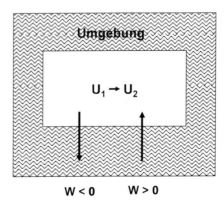

W < 0   W > 0

Zustand innerer Energie U_1 auf den Zustand U_2 zu bringen, ist also folgende Arbeit erforderlich:

$$W_{12} = U_2 - U_1 \tag{3.16}$$

Kommen wir nun zurück zu unseren beiden Behältern A und B in Abb. 3.2. Beide zusammen bilden ein adiabatisches System. Jeder Behälter für sich ist es aber nicht. Wie wir bereits gesehen haben, ändert sich der jeweilige Zustand der inneren Energie über die diatherme Trennwand. Das kann man auch so formulieren, wie in Abb. 3.4 dargestellt.

$$Q_{AB} = U_{A2} - U_{A1} \tag{3.17}$$

$$Q_{BA} = U_{B2} - U_{B1} \tag{3.18}$$

Für das Gesamtsystem gilt aber:

$$U_{A2} + U_{B2} = U_{A1} + U_{B1} \tag{3.19}$$

Daraus folgt:

$$Q_{AB} = -Q_{BA} \tag{3.20}$$

Wir haben also für nicht-adiabatische Systeme einen zusätzlichen Beitrag bei der Änderung der inneren Energie zu berücksichtigen:

$$W_{12} + Q_{12} = U_2 - U_1 \tag{3.21}$$

Q_{12} wird Wärme genannt und wird gemessen in [J] bzw. [Ws] bzw. [Nm]. Wärme ist also Energie, die an der Grenze zwischen zwei Systemen verschiedener Temperatur auftritt, und die aufgrund dieses Temperaturunterschiedes zwischen den Systemen ausgetauscht wird. Wärme ist also auch eine Form von Energie. Dieses führt uns zur Formulierung des ersten Hauptsatzes der Thermodynamik:

> In einem geschlossenen System bleibt der gesamte Energievorrat als Summe aus mechanischer, sonstiger und Wärmeenergie konstant.

Der erste Hauptsatz ist das Prinzip von der Erhaltung der Energie. Er ist Grundlage für alle weiteren Betrachtungen in der Physik. Unter anderem folgt aus ihm, dass ein perpetuum mobile nicht möglich ist. Er besagt außerdem: „there are no free lunches", d. h.: alles hat seinen Preis, nichts entsteht aus sich selbst, sondern nur aus der Umwandlung von schon Bestehendem in eine andere Form.

3.5 II. Hauptsatz der Thermodynamik

Wir unterscheiden in der Thermodynamik drei Arten von Prozessen:

- reversible
- irreversible
- unmögliche.

Ein unmöglicher Prozess wäre z. B. der Übergang von Wärme eines Systems niedriger Temperatur auf ein System höherer Temperatur ohne äußere Einwirkung. Solche Prozesse wollen wir nicht weiter betrachten.

Ein reversibler Prozess ist folgendermaßen definiert:

> Wenn ein System, in dem ein bestimmter Prozess abgelaufen ist, wieder in seinen Anfangszustand gebrachte werden kann, ohne dass irgendwelche Änderungen in seiner Umgebung zurück bleiben, so handelt es sich um einen reversiblen Prozess.

Reversible Prozesse sind Konstrukte, die nützlich sind, um Wirkungsgrade von Systemen zu berechnen. Sie liefern maximal nutzbare Arbeit, kommen aber in der Natur nicht oder nur näherungsweise vor, dienen aber als Referenz für irreversible Prozesse:

Wenn der ANFANGSZUSTAND eines Systems, das einen bestimmten Prozess durchlaufen hat, ohne Änderung der Umgebung nicht wieder herstellbar ist, so handelt es sich um einen irreversiblen Prozess.

Der II. Hauptsatz der Thermodynamik lässt sich dann qualitativ folgendermaßen ausdrücken:

Alle natürlichen Prozesse sind irreversibel.

Bei irreversiblen Prozessen wird Energie sozusagen entwertet. Es entsteht Energieverlust, den man allerdings dann an einem idealisierten korrespondierenden reversiblen Prozess messen kann. Ein Hauptgrund für die Irreversibilität von Prozessen ist das Auftreten von Reibung. Der II. Hauptsatz macht aber noch eine weiter gehende Aussage. Er zeigt die Richtung auf, in der thermodynamische und natürliche Prozesse ablaufen. Die damit verbundene Gerichtetheit sagt aus, dass jedem Zeitpunkt eines Vorgangs, der später kommt, eine größere Entropie zukommt. Um die qualitativen Aussagen zu unterstützen, benötigen wir eine Zustandsgröße, die folgende Bedingungen erfüllt:

- Zunahme bei irreversiblen Prozessen
- Abnahme bei unmöglichen Prozessen (z. B. Energieerneuerung! s. u.)
- Konstanz bei reversiblen Prozessen.

Die gesuchte Zustandsgröße wurde von R. Clausius im Jahre 1865 eingeführt und wird Entropie genannt. Die Definition für die Entropie-Änderung lautet:

$$\Delta S = \int_{1}^{2} \frac{dQ}{T} \left[\frac{J}{K} \right] \tag{3.22}$$

Die Zunahme der Entropie S ist gleich dem Integral über die zugeführte Wärmemenge, die ein System vom Zustand 1 auf den Zustand 2 bringt, geteilt durch die
absolute Temperatur, bei der das geschieht.
Ersetzen wir dQ durch die zugehörige Energiegleichung:

$$dQ = (dU + p^*dV) \qquad (3.23)$$

so lässt sich zusammen fassend sagen:

1. Jedes System besitzt eine Zustandsgröße S, die Entropie, deren Differential durch

$$dS = \frac{(dU + p^*dV)}{T} \qquad (3.24)$$

definiert ist. Dabei ist T die absolute Temperatur.

2. Die Entropie eines (adiabaten) Systems kann niemals abnehmen. Bei allen
   natürlichen, irreversiblen Prozessen nimmt die Entropie des Systems zu, bei
   reversiblen Prozessen bliebe sie konstant:

$$(S_2 - S_1)_{ad} \geq 0 \qquad (3.25)$$

Man bezeichnet die Entropie auch als ein Maß für die Unordnung eines Systems
bzw. für die Wahrscheinlichkeit eines Zustandes. In der Praxis bedeutet das, dass
ein geordnetes System ohne äußerlichen Einfluss (adiabat) sich immer auf einen
Zustand größerer Unordnung zu bewegt. Damit einher geht automatisch der Infor-
mationsverlust über den ursprünglich geordneten Zustand des Systems. Das ist der
Lauf in der Natur (das Absterben eines Organismus) und in der menschlichen Ge-
schichte. Um einen Zustand höherer Ordnung zu erhalten bzw. zu erzeugen, muss
Energie von außen zugefügt werden. Aber auch das geschieht wieder nur durch
andere irreversible Prozesse, die ihrerseits wiederum Energieverlust generieren. Im
Gesamtkosmos nimmt die Entropie ständig zu.

Nach dem I. Hauptsatz der Thermodynamik kann bei keinem thermodynamischen Prozess Energie erzeugt oder vernichtet werden. Es gibt nur Energieumwandlungen von einer Energieform in andere Energieformen. Für diese
Energieumwandlungen gelten stets die Bilanzgleichungen des I. Hauptsatzes. Diese
enthalten jedoch keine Aussagen darüber, ob eine bestimmte Energieumwandlung überhaupt möglich ist. Um diesen Sachverhalt zu beschreiben, werden unter
Zuhilfenahme des II. Hauptsatzes der Thermodynamik folgende Begriffe eingeführt:

Wir können drei Gruppen von Energien unterscheiden, wenn wir den Grad ihrer Umwandelbarkeit als Kriterium heranziehen:

1. Unbeschränkt umwandelbare Energie (Exergie) wie z. B. mechanische und elektrische Energie.
2. Beschränkt umwandelbare Energie wie Wärme und innere Energie, deren Umwandlung in Exergie durch den II. Hauptsatz empfindlich beschnitten wird.
3. Nicht umwandelbare Energie wie z. B. die innere Energie der Umgebung, deren Umwandlung in Exergie nach dem II. Hauptsatz unmöglich ist.

Exergie ist Energie, die sich bei vorgegebener Umgebung in jede andere Energieform umwandeln lässt; Anergie ist Energie, die sich nicht in Exergie umwandeln lässt.

$$\text{Energie} = \text{Exergie} + \text{Anergie} \qquad (3.26)$$

Daraus folgt:

1. Bei allen Prozessen bleibt die Summe aus Exergie und Anergie konstant.
2. Bei allen irreversiblen Prozessen verwandelt sich Exergie in Anergie.
3. Nur bei reversiblen Prozessen bleibt die Exergie konstant.
4. Es ist unmöglich, Anergie in Exergie zu verwandeln.

Ein Beispiel für die Exergie-Anergiebilanz findet sich in der so genannten Wärmepumpe.

Wärmepumpen werden eingesetzt, um Abwärme aus der Umgebung zur Energieumwandlung nutzbar zu machen. Der klassische Fall der Umwandlung von thermischer Energie (Exergie) in z. B. mechanische ist wohlbekannt durch den Antrieb von Turbinen durch heiße Gase. Die dabei entstehende Abwärme (Anergie) geht verloren. Die Gesamtenergiebilanz lautet:

$$E_{ges} = E_{ex} + E_{an} \qquad (3.27)$$

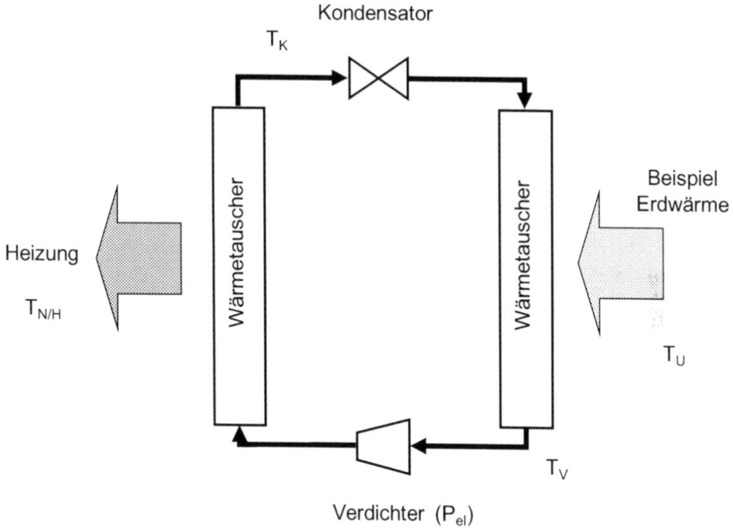

Abb. 3.5 Wärmepumpe. Legende: T_u Umgebungstemperatur, T_V Verdampfertemperatur, T_K Kondensatortemperatur, $T_{N/H}$ Nutz-/Heiztemperatur

Wärmepumpen nutzen einen umgekehrten Prozess (s. Abb. 3.5). Sie greifen die in einer Umgebung befindliche Abwärme auf, die aus unterschiedlichen Quellen kommen kann, auch aus dem Erdreich. Diese Wärme wird genutzt, um eine Flüssigkeit mit niedrigem Siedepunkt zu verdampfen. Anschließend wird mechanische Energie zugeführt, indem der Dampf verdichtet wird. Im weiteren Kreislauf lässt man das verdichtete Gas unter Expansion wieder kondensieren. Die dabei frei werdende Wärme kann u. a. zu Heizzwecken genutzt werden.

Die zugehörige Energiebilanz sieht folgendermaßen aus:

$$\dot{E} = \dot{E}_{an} + \left| \dot{E}_{ex} \right| \tag{3.28}$$

$$\dot{E}_{an} = \frac{T_u}{T} \dot{E} \tag{3.29}$$

$$\left| \dot{E}_{ex} \right| = \left(1 - \frac{T_u}{T} \right) \dot{E} \tag{3.30}$$

mit $\dot{E}$ dem abgegebenen Wärmestrom, T_u der Umgebungstemperatur und T der abgegebenen Temperatur.

3.6 Energiebilanzen

Der 2. Hauptsatz der Thermodynamik stellt uns vor die folgenden Tatsachen: Energie kann in verschiedenen Formen auftreten. Manche davon lassen sich beliebig in andere Formen umwandeln, z. B. mechanische Energie (kinetische sowie potenzielle), also auch Arbeit. Das trifft auch für die elektrische Energie zu. Wir haben diese Energieformen unter dem Sammelbegriff „Exergie" zusammengefasst. Setzen wir jetzt einen reversiblen Prozess voraus (den es in der Natur nicht gibt), so würden solche Energieumwandlungen vollständig sein. Ebenfalls möglich wäre eine limitierte Umwandlung in innere Energie bzw. Wärme durch entsprechende (irreversible) Prozesse. Innere Energie und Wärme stehen allerdings für nur beschränkt umwandelbare Energieformen. Solche lassen sich nicht vollständig in Exergie transformieren. Unter Berücksichtigung des II. Hauptsatzes der Thermodynamik hängen die Möglichkeiten ab

- von der Energieform,
- dem Zustand des Energieträgers und
- der Umgebung.

Daraus folgt z. B., dass die gesamte in einer Umgebung vorhandene Energie sich nicht in Exergie umwandeln lässt. Das gilt ebenso auch für Wärme bei Umgebungstemperatur. Zusammenfassend lässt sich das so ausdrücken:
    Der Energieinhalt aller Systeme, die sich mit der Umgebung im thermodynamischen Gleichgewicht befinden, lässt sich nicht in Exergie umwandeln.
    Damit lässt sich Energie folgendermaßen klassifizieren:

1. Exergie: unbeschränkt umwandelbare Energie (mechanische, elektrische)
2. Eingeschränkt umwandelbare Energie (Wärme, innere Energie)
3. Anergie: nicht in Exergie umwandelbare Energie.

Zusammenfassend ergeben sich folgende Definitionen:

Exergie lässt sich in einer vorgegebener Umgebung in jede andere Energieform umwandeln.
    Anergie ist nicht in Exergie umwandelbar.

Mit Hilfe dieser beiden „Energie-Anteile" lassen sich nunmehr beliebige Bilanzen für alle energetischen Prozesse beschreiben, da diese in eindeutigen Beziehungen zueinander stehen. Damit gibt es also Anteile, die sich teilweise in Exergie – also nutzbare Energie – umwandeln lassen, andererseits Anteile, die für eine Umwandlung – also Nutzung – nicht zur Verfügung stehen. Wie bereits in Gln. 3.26 und 3.27 explizit ausgedrückt: Energieformen setzen sich aus einem exergetischen und einem anergetischen Anteil zusammen. Diese Energieformen denken wir uns daher aus Exergie und Anergie zusammengesetzt. In manchen Fällen kann der eine oder andere Anteil auch gleich 0 sein. Beispiele:

- elektrische Energie: Anergie $= 0$
- Umgebung: Exergie $= 0$.

Es ist der II. Hauptsatz der Thermodynamik, der uns zu der Klassifizierung von Exergie und Anergie geführt hat. Die Existenz der Konzepte Exergie und Anergie selbst kann als eine Alternativ-Formulierung des II. Hauptsatzes angesehen werden. Zugrunde liegen Erfahrungstatsachen, die direkt aus der Beobachtung der Natur folgen. Vor diesem Hintergrund kann man den II. Hauptsatz auch folgendermaßen formulieren:

Energie setzt sich grundsätzlich aus Exergie und Anergie zusammen; dabei kann auch einer der beiden Anteile Null sein.

Die passende Gleichung dazu haben wir schon kennen gelernt:

$$\text{Energie} = \text{Exergie} + \text{Anergie} \tag{3.31}$$

Jetzt können wir auch den I. Hauptsatz durch diese beiden Begriffe ausdrücken:

Die Summe aus Exergie und Anergie bleibt konstant – unabhängig vom Prozess.

Was für die Summe aus Exergie und Anergie gilt, lässt sich jedoch nicht auf jeweils Exergie und Anergie allein übertragen. Schauen wir uns jetzt noch einmal die Prozessarten vor diesem Hintergrund an. Dann ergeben sich daraus folgende Feststellungen:

1. Bei irreversiblen Prozessen wird Exergie in Anergie umgewandelt.
2. Bei den hypothetischen reversiblen Prozessen wird die Exergie erhalten.
3. Anergie kann nicht in Exergie umgewandelt werden.

Diese drei Aussagen bestimmen grundsätzlich die Basis, auf der Energieumwandlungen, wie wir sie aus den unterschiedlichsten Wärme- und Stromerzeugungsanlagen kennen, funktionieren – völlig losgelöst vom Typ der Energieumwandlung: seien es Windkraft, Kernenergie oder Solarzellen. Wie wir schon erfahren haben, sind alle natürlichen Prozesse irreversibel. Dadurch wird kontinuierlich der verfügbare Fundus an umwandelbarer Energie, nämlich Exergie, verringert, da sich Teile von ihm in nicht mehr nutzbare Anergie umsetzen. Das ändert nichts an der Erhaltung der Summe beider Größen, die im I. Hauptsatz zum Ausdruck kommt. Lediglich die Fähigkeit zur Nutzung durch Umwandlung nimmt ständig ab durch die Umwandlung von Exergie in Anergie. Schon durch die Definition der Anergie (nicht in Exergie umwandelbar) liegt die Logik der obigen Aussagen (1–3) begründet.

Die drei Aussagen des II. Hauptsatzes über das Verhalten von Exergie und Anergie lassen sich wie folgt beweisen. Die Unmöglichkeit, Anergie in Exergie zu verwandeln (Satz 3), folgt unmittelbar aus der Definition der Anergie: Sie ist als Energie definiert, die sich nicht in Exergie umwandeln lässt.

Der Idealprozess der Energieumwandlung – ein reversibler Prozess, der also ohne Verluste rückabgewickelt werden könnte, – ist leider ein gedankliches Hilfskonstrukt, welches bei unseren Überlegungen hilfreich ist und als Messlatte eingesetzt werden kann, in Natur und Technik aber nicht vorkommt. Dabei handelt es sich nicht um einen Mangel, den man möglicherweise durch geniale Erfindungen oder sukzessive Verbesserungen beheben könnte. Die Begrenzung liegt nicht in unseren Unfähigkeiten begründet, sondern ist eine Tatsache der Natur selbst, die mathematisch-physikalisch durch den II. Hauptsatz der Thermodynamik ausgedrückt wird.

Salopp gesprochen, haben wir es in der Natur und in unseren Apparaten mit einer Art von „Exergievernichtung" bzw. Energieentwertung zu tun. Vom technischen Standpunkt aus kann man Energieformen folgendermaßen klassifizieren:

Je größer die Umwandlungsfähigkeit, d. h. je höher der Exergie-Anteil ist, desto wertvoller ist eine Energieform.

Das ist natürlich vom Ende her gedacht, vom späteren Nutzen her. Die Natur macht solche Unterscheidungen nicht. Energie ist Energie, und ihr Gehalt ändert sich in der Summe nie. Was wir als „Exergieverlust" – also Anergie – bezeichnen, geht gemäß des II.Hauptsatzes nicht verloren.

Die ganze Energiediskussion dreht sich eigentlich nicht so sehr um die Gesamtsumme der Energie selbst, sondern viel spezifischer um den Exergieanteil. In jeder Ausgangslage geht es darum, diesen Anteil nutzbar zu machen: beim Heizen, bei der Stromerzeugung, beim Einsatz von Kraftmaschinen und bei der Mobilität. Das, was an Energie für diese Prozesse erforderlich ist, ist aber nicht die energetische Gesamtsumme, sonder deren exergetischer Anteil, der nutzbringend angewandt, sprich umgewandelt, werden kann. In der Energietechnik wird Exergie zur Verfügung gestellt. Und ganz am Ende der Kette, wenn der Nutzen erzielt worden ist, bleibt in der Regel nur noch Anergie zurück – beim Verbraucher, nach dem Verbrauch.

Es wäre also sinnvoller, von Exergiequellen zu sprechen. Aus der direkten Umgebung (Anergie) kommt nichts. Eigentlich müsste die gesamte Energiediskussion Exergiediskussion heißen. Energie wird weder verbraucht, noch geht sie verloren, kann auf gar keinen Fall erneuert werden (unmöglicher Prozess!). Alle Optimierungsüberlegungen sollten natürlich in die Richtung gehen, bei Energieumwandlungen den Exergieverlust, also den Zuwachs an Anergie, möglichst klein zu halten. Das fängt aber schon bei der Auswahl des Energieträgers an (hohes Exergiepotenzial), und setzt sich in der Verfahrenstechnik, der Umwandlungstechnologie, fort. Insofern kann man gedanklich immer einen reversiblen Prozess unter Bewahrung der ursprünglich vorhandenen Exergie technisch-wirtschaftlich anstreben, wohl wissend, dass man ihn im Endergebnis nie erreichen wird. Der Wirkungsgrad gibt letztendlich Auskunft darüber, wie gut man sich dem Ideal angenähert hat. Unabhängig von den technischen Überlegungen der Annäherung an den idealen Prozess, spielen wirtschaftliche Gesichtspunkte eine Rolle, die bei gegebenen Voraussetzungen ebenfalls minimiert werden sollen, so dass der technische Einsatz selbst nicht das einzige Kriterium sein kann, um eine bestimmte Aufgabe zu lösen. Mitunter muss unter wirtschaftlichen Aspekten ein bestimmter Exergieverlust in Kauf genommen werden.

Elektrizitätslehre

4

4.1 Einleitung

Der Elektromagnetismus dreht sich zunächst um das Phänomen der elektrischen Ladung, die mit der klassischen Mechanik nicht beschreibbar ist. Wenn dann die Bewegung ins Spiel kommt, begegnen wir dem Phänomen des elektrischen Stroms. Auch hierbei kommen Überlegungen zur Energiebalance zum Tragen bzw. die potenzielle Energie im Zusammenhang mit der elektrischen Spannung.

Wir werden uns dann dem Magnetismus zuwenden, der ursprünglich ein eigenständiges Interessengebiet war. Sein Verhältnis zur Elektrizität wurde schließlich in den Maxwellschen Gleichungen festgehalten.

4.2 Ladung

Ein starker Hinweis, wenn auch kein Beweis auf die Zusammensetzung der Materie durch Atome wurde in der zweiten Hälfte des 19ten Jahrhunderts durch die Weiterentwicklung der kinetischen Gastheorie durch Maxwell und Boltzmann gegeben. Die Erklärung des Gasdrucks und seiner Zunahme mit der Temperatur durch Stöße von Gasatomen bzw. -molekülen und deren Geschwindigkeitszunahme mit der Temperatur, wie die Erklärung der Wärmeleitung und der inneren Reibung der Gase durch die Übertragung von Energie durch die stoßenden Atome gaben eindeutige Indikationen über den atomaren Charakter der Materie.

© Springer Fachmedien Wiesbaden 2014
W. Osterhage, *Energie ist nicht erneuerbar,* essentials,
DOI 10.1007/978-3-658-07635-1_4

Schließlich folgte aus dieser Annahme und den Faradayschen Gesetzen der Elektrolyse der Beleg für die Existenz eines so genannten elektrischen Elementarquantums. Die Erkenntnis war, dass jedwedes einwertig geladene Atom unabhängig von seiner Masse stets die gleiche Elementarladung e trägt. Solche ein- oder mehrwertig geladene Atome nennt man Ionen. Eine freie negative Elementarladung wird als Elektron bezeichnet.

Elektronen kommen in Atomen nur in deren Hülle vor, während fast die gesamte Masse im Atomkern gebunden ist. Das bedeutet, dass Elektronen nur eine sehr geringe Masse haben können. Freie Elektronen kann man erzeugen durch Verdampfung von metallenen Oberflächen oder durch Bestrahlung unter Zuhilfenahme des lichtelektrischen Effektes. Hat man freie Elektronen, gibt es kein Hindernis mehr, ihre Masse und exakte Ladung zu bestimmen.

Die Ladung eines einzelnen Elektrons bestimmt sich zu:

$$1{,}602176 * 10^{-19} [\text{Coulomb}] \tag{4.1}$$

Die Konvention für die Ladung eines Elektrons besagt, dass diese negativ ist, da es in der Natur auch eine gegensätzliche Ladung gibt, die als positiv definiert ist. Man findet sie beispielsweise beim Proton, einem der Hauptbestandteile des Atomkerns.

Und für die Masse des Elektrons wurde gefunden:

$$m_e = 9{,}109382 * 10^{-31} [\text{kg}] \tag{4.2}$$

Ähnlich wie bei der Gravitation die Masse eines Körpers, so übt im Falle der Elektrizität die Ladung eines Körpers eine Kraft aus. In diesem Falle kann die Kraft jedoch in zwei gegensätzlichen Richtungen wirken – oder gar nicht:

- anziehend bei Körpern mit entgegen gesetztem Ladungsvorzeichen
- abstoßend bei Körpern mit gleichem Ladungsvorzeichen
- neutral (abgesehen vom Masseneffekt) bei einem Körper ohne Ladung und einem anderen mit einer irgendwie gearteten Ladung.

Die Kraft, die nun zwei geladene Körper aufeinander ausüben (Coulombsches Gesetz), errechnet sich wie folgt:

$$\mathbf{F}_c = \left(\frac{1}{(4\pi\,\varepsilon_0)} \right)^* \left(\frac{(q_1 * q_2)}{r^2} \right) \mathbf{e}_r \tag{4.3}$$

oder skalar:

$$F_c = \left(\frac{1}{(4\pi\,\varepsilon_0)} \right)^* \left(\frac{(q_1 * q_2)}{r^2} \right) \tag{4.4}$$

mit der Coulomb-Konstanten

$$k_c = \frac{1}{4\pi\,\varepsilon_0} = 8,9875^* 10^9 [Vm/As] \qquad (4.5)$$

im Vakuum, q_1 und q_2, den jeweiligen Ladungen, r dem Abstand zwischen den Ladungsmittelpunkten, ε_0 der elektrischen Feldkonstanten und e_r dem Einheitsvektor auf der Verbindung zwischen den Ladungsmittelpunkten.

Erstaunlicherweise existiert auch in diesem Fall die Abhängigkeit der Kraft vom Entfernungsquadrat. Ähnlich wie eine Masse ein Gravitationsfeld um sich herum aufbaut, so baut eine elektrische Ladung ein elektrisches Feld um sich auf. Darauf wird später noch eingegangen werden. Hier noch zwei Grundsätze zur Ladung allgemein:

Zwei austauschbare Ladungen sind einander gleich, wenn eine dritte bei gleicher Anordnung auf beide nacheinander die gleiche Kraft ausübt.

In einem abgeschlossenen System bleibt die Summe aus positiven und negativen Ladungen konstant.

4.3 Strom und Spannung

Der elektrischer Strom ist eine Bewegung elektrischer Ladung oder anders ausgedrückt: die elektrische Stromstärke I besagt, wie viel Ladung Q sich pro Zeiteinheit durch einen elektrischen Leiter bewegt (s. Abb. 4.1):

$$I = \frac{Q}{t} [A] \qquad (4.6)$$

Um überhaupt einen elektrischen Strom erzeugen zu können, benötigt man eine Stromquelle. Bei Verwendung des gleichen Stromkreises und Variation der Quelle ergibt sich eine Abhängigkeit zwischen der gemessenen Stromstärke und der Stärke der Quelle. Zur Charakterisierung der Quellenstärke wird der Begriff der Spannung U [V] eingeführt. Die elektrische Spannung ist eine Größe, die angibt, wie viel Energie benötigt wird, um ein geladenes Teilchen in einem elektrischen Feld zu bewegen.

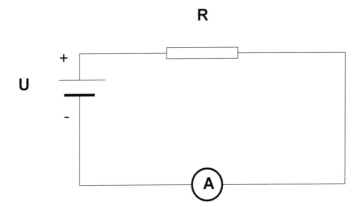

Abb. 4.1 Stromkreis

Aus dem Beispiel des einfachen Schaltkreises leiten wir die Proportionalität zwischen Spannung und Stromstärke her:

$$U \sim I \qquad (4.7)$$

Den Proportionalitätsfaktor bezeichnen wir als den elektrischen Widerstand R des Leiters. Er seinerseits ist abhängig von der Länge und dem Querschnitt A des Materials bei konstantem Material:

$$R = \rho^* \frac{I}{A} [\Omega] \qquad (4.8)$$

mit ρ [Ω m] dem spezifischen Widerstand des Materials, sodass

$$U = R^*I \qquad (4.9)$$

Widerstände sind Elemente im elektrischen Schaltkreis. Daneben gibt es noch andere, von denen wir an dieser Stelle lediglich den Kondensator betrachten wollen. Dazu müssen wir den Begriff der elektrischen Kapazität einführen. Zunächst besteht eine Proportionalität zwischen der Ladung eines elektrischen Leiters und der Spannung:

$$Q \sim U \qquad (4.10)$$

Sie gilt für jede Anordnung von isoliert aufgestellten Leitern. Der zugehörige Proportionalitätsfaktor C heißt Kapazität eines Leiters, sodass

$$C = \frac{Q}{U} \text{ in} \left[\frac{C}{V} \right] \text{ oder } \left[\frac{As}{V} \right] \text{ oder [F] (Farad)} \qquad (4.11)$$

C ist abhängig von der Geometrie der Anordnung und den Abmessungen des Leiters. Man stelle sich folgende Anordnung vor: Ein elektrischer Schaltkreis wird unterbrochen durch zwei sich gegenüberliegende Leiterplatten, zwischen denen sich ein nicht-leitender Luftspalt d befindet. Zwischen diesen beiden Platten baut sich nun eine Spannung U und damit ein elektrisches Feld auf mit Ladungen entgegen gesetzten Vorzeichens auf der jeweils gegenüber liegenden Platte. Die Stärke E dieses elektrischen Feldes errechnet sich aus

$$E = \frac{U}{d} \qquad (4.12)$$

Wenn A die Fläche der Leiterplatte ist, denn errechnet sich die jeweilige Ladung zu

$$Q = \varepsilon_0{}^*E^*A = \varepsilon_0{}^*A^*\frac{U}{d} \qquad (4.13)$$

und somit die Kapazität dieses leeren Plattenkondensators zu

$$C = \varepsilon_0{}^*\frac{A}{d} \qquad (4.14)$$

Kondensatoren werden zur Speicherung elektrischer Ladungen eingesetzt.

4.3.1 Gleichstrom

Der intrinsische Widerstand eines Leiters lässt sich auch symbolisch als kleines Rechteck darstellen. Gleichzeitig wird dieses Symbol in Schaltkreisen auch für andere Widerstände aller Art eingesetzt, wie sie in der Schaltkreislogik und in der Praxis z. B. auf Leiterplatten sichtbar sind. Befinden sich mehrere Widerstände in einem Schaltkreis, so stellt sich die Frage, wie diese in unsere Spannungsgleichung (4.9) eingehen. Die zugehörigen Regeln richten sich allerdings nach der Anordnung der Widerstände und basieren auf den Kirchhoffschen Gesetzen, die die Verzweigung und den Zusammenfluss von Stromkreisen beschreiben:

• in Reihe oder
• in Parallelität (Abb. 4.2).

Das Gesetz für Reihenschaltung lautet:

$$R_{ges} = R_1 + R_2 + R_3 \qquad (4.15)$$

Bei der Parallelschaltung ist die Spannung an allen Widerständen gleich.

Abb. 4.2 Widerstands-
schaltungen

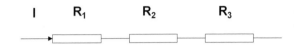

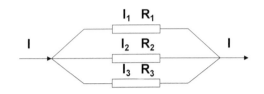

> Die erste Kirchhoffsche Regel besagt, dass die Summe der dem Verzwei-
> gungspunkt zufließenden Ströme gleich der Summe der abfließenden Ströme
> sein muss:

$$I_{ges} = I_1 + I_2 + I_3 \qquad (4.16)$$

Die Ströme in unserer Parallelschaltung verhalten sich umgekehrt wie die Widerstände:

$$I = \frac{U}{R} \qquad (4.17)$$

Daraus folgt für die Widerstände:

$$\frac{1}{R_{ges}} = \frac{1}{R_1} + \frac{1}{R_2} + \frac{1}{R_3} \qquad (4.18)$$

Ähnliche Regeln existieren auch für Kondensatoren (bei Wechselstrom)
(s. Abb. 4.3). Bei Reihenschaltung gilt:

$$\frac{1}{C_{ges}} = \sum_i \frac{1}{C_i} \qquad (4.19)$$

und für Parallelschaltung:

$$C_{ges} = \sum_i C_i \qquad (4.20)$$

Abb. 4.3 Kondensator-
schaltungen

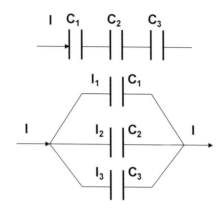

Unsere Betrachtungen haben sich bisher unausgesprochen auf den Gleichstrom bezogen, d. h. auf eine Form des Stromes, der gleichmäßig aus einer Spannungsquelle
bezogen werden kann. An dieser Stelle bietet es sich an, auf die Stromerzeugung
selbst einzugehen.

Eingangs ist der Begriff der Elektrolyse gefallen. Strom fließt – wie wir wissen
– nicht nur durch metallene Leiter wie z. B. Kupferdrähte, sondern auch durch
sogenannte Elektrolyte wie Säuren, Basen oder Salzlösungen. Taucht man jetzt
einen metallischen Leiter, z. B. eine Kupferplatte, in einen Elektrolyten ein, so
zeigt der metallische Leiter ein Lösungsbestreben. Neutrale Atome oder Moleküle
können aber nicht in Lösung gehen, sondern nur Ionen. Ionen sind Atome, denen
entweder ein oder mehrere Elektronen fehlen, oder die ein oder mehrere Elektronen
zu viel haben, um neutral zu sein. Sie können also negativ oder positiv geladen sein.
Ihre Ladung misst sich in Mehrfachen der Elektronenladung.

Durch den Lösungsvorgang entsteht nunmehr zwischen Elektrolyt und Leiter
eine elektrische Spannung, die abhängig ist von den tatsächlich eingesetzten Materialien (s. Abb. 4.4). Es gibt nun – je nach Leitermaterial – entweder positive oder
negative Spannungen. Beispiel Kupfer und Zink in verdünnter Schwefelsäure:

$$\text{Kupfer: } +0{,}34 \text{ V}$$

$$\text{Zink: } -0{,}76 \text{ V.}$$

Taucht man beide Stoffe gleichzeitig ein, so ergibt sich eine Gesamtspannungsdif-
ferenz von: 1,1 V. Aus dieser Spannungsdifferenz lässt sich nun Strom entnehmen.
Wir haben eine primitive Gleichstrombatterie.

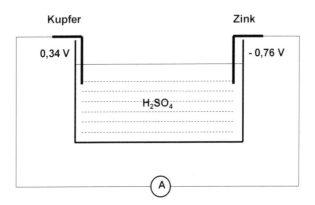

Abb. 4.4 Elektrolyse

Kommen wir zurück zu unseren Gleichstromkreisen. Wenn ein elektrischer Strom I einen Ohmschen Widerstand R durchfließt, entwickelt sich Wärme, womit wir wieder beim Thema Energie sind. Wir kennen dass aus diversen Heizgeräten. Die Wärmemenge Q hängt neben dem Strom, der Spannung und dem Widerstand auch von der Zeit t ab. Um diese Wärme zu erzeugen, muss elektrische Arbeit W aufgebracht werden:

$$W = U^*I^*t \; [Ws] \; \text{oder} \; [J] \qquad (4.21)$$

Daraus ergibt sich für die Leistung (Arbeit pro Zeiteinheit):

$$P = U^*I \; [W] \qquad (4.22)$$

4.4 Magnetismus

Der Begriff Gleichstrom deutet an, dass es noch mindestens eine weitere Stromart geben muss. Bevor wir uns nun aber dem Wechselstrom zuwenden, ist ein Ausflug in den Magnetismus von Nöten.

Wir alle kennen Magneten entweder von kindlichen Spielzeugen, oder sie begegnen uns im Alltag dann, wenn wir etwa ein Plakat an eine Pinwand mit metallenem Kern heften wollen. Magnete haben zwei Pole, mit denen sie Eisenteile anziehen (s. Abb. 4.5). Halten wir zwei Magnete in den Händen, so stellen wir fest, dass sie

Abb. 4.5 Magnetismus

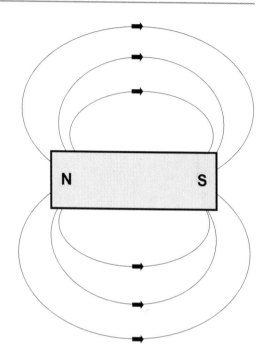

sich – je nach Orientierung – anziehen oder abstoßen. Pole gleicher Orientierung zum irdischen Nordpol stoßen sich ab, Pole entgegen gesetzter Orientierung ziehen sich an. Um den Polen Vorzeichen zu geben, beziehen wir uns auf den Nordpol. Derjenige Pol eines freie Magneten, der sich in Richtung auf den Nordpol des erd-magnetischen Feldes ausrichtet, wird ebenfalls als Nordpol bezeichnet und wird als positiv (+) bezeichnet. Der andere ist dann der Südpol (−). Im Gegensatz zu den Einzelladungen der Elektrizität gibt es keine magnetischen Monopole. Magnete treten immer als Dipole auf.

4.4.1 Elektromagnetismus

Schon früh wurde erkannt, dass Elektrizität und Magnetismus trotz ihrer jeweili-gen Eigenheiten Gemeinsamkeiten aufweisen. So basieren z. B. beide Kräfte auf der Existenz positiver und negativer Polaritäten. Außerdem wurde erkannt, dass Magnetismus und Elektrizität gegenseitig Einfluss aufeinander ausüben können. So erzeugt beispielsweise ein von Strom durchflossener Leiter ein zirkuläres Magnet-

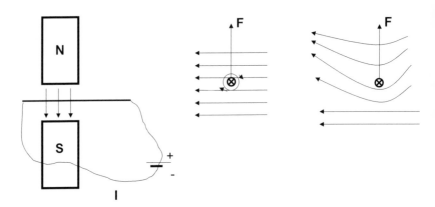

Abb. 4.6 Stromleiter im Magnetfeld

feld um sich herum. Wenn r der Abstand zwischen Leiter und einem Punkt P ist, dann beträgt die magnetische Feldstärke H bei P:

$$H = \frac{I}{2\pi^{*}r} \ [A/m] \qquad (4.23)$$

Die magnetische Feldstärke ist analog der Spannung einer elektrischen Quelle zu interpretieren. Umgekehrt übt ein vorhandenes Magnetfeld eine Kraft auf einen Strom durchflossenen Leiter aus, wenn man ihn in das Feld bringt (s. Abb. 4.6). Hier haben wir es mit zwei sich überlagernden Magnetfeldern zu tun:

- das Feld des vorhandenen Magneten und
- das Feld, welches durch den Leiterstrom erzeugt wird.

Das konzentrische Feld verstärkt die vorhandenen Feldlinien, sobald sie in (annähernd) gleicher Richtung verlaufen; es schwächt dieselben, sobald letztere in (annähernd) entgegen gesetzter Richtung verlaufen. Daraus ergibt sich eine Kraft sowohl senkrecht zur Richtung des ursprünglichen Magnetfeldes als auch senkrecht zur Stromrichtung, die den Leiter in Richtung der Feldschwächung abzudrängen sucht. Hier greift die sogenannte Linke-Hand-Regel:

„Hält man die linke Hand so, dass die Feldlinien in die innere Handfläche eintreten und die Finger in die Stromrichtung zeigen, so gibt der Daumen die Richtung der Kraft an."

Diese Kraft berechnet sich wie folgt:

$$F = B^* I^* d \qquad (4.24)$$

mit d der Länge des Leiters, I der Stromstärke und B die magnetische Induktion oder magnetische Flußdichte in [V s/m^2] oder [T] für Tesla. B seinerseits ergibt sich aus:

$$B = \mu_0{}^* H \ [T] \qquad (4.25)$$

μ_0 heißt Induktionsfaktor und beträgt $12{,}566371 \times 10^{-7}$ [V s/A m]. Anschaulich ist B ein Maß für die Anzahl von Kraftlinien, die eine Flächeneinheit durchdringen. Wir kommen auf die magnetische Induktion noch zurück, wenn wir das elektrische Pendant dazu betrachten.

4.4.2 Induktion

Bei Bewegung eines Leiters (Länge d) mit der Geschwindigkeit $v = s/t$ durch ein Magnetfeld senkrecht zu den Feldlinien entsteht eine elektrische Spannung, die bei geschlossenem Stromkreis einen Strom I erzeugt. Dabei entsteht elektrische Arbeit, die der zugeführten mechanischen Arbeit entsprechen muss:

$$F^* v^* t = B^* I^* d^* v^* t \qquad (4.26)$$

Hieraus folgt:

$$U = B^* v^* d \qquad (4.27)$$

Die zugehörige Rechte-Hand-Regel lautet:

„Die Finger zeigen in Stromrichtung, wenn der Daumen in die Bewegungs- richtung weist und die Feldlinien in die innere Handfläche eintreten."

Abb. 4.7 Generatorprinzip

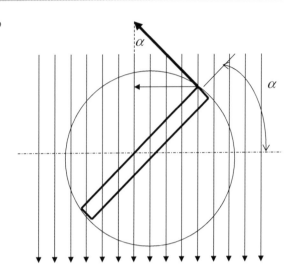

Auf den Induktionserscheinungen beruhen alle elektrischen Generatoren und Motoren.

4.5 Wechselstrom

Wir haben zum einen gehört, wie Gleichstrom erzeugt werden kann, zum anderen, dass Strom auch durch Bewegung eines Leiters in einem Magnetfeld erzeugt wird. Letzteres Phänomen wird genutzt, um den Wechselstrom zu erzeugen. Am Einfachsten geschieht dass, indem eine Leiterspule in einem homogenen Magnetfeld gedreht wird – das Prinzip des Dynamos bzw. Generators (s. Abb. 4.7).

Die Frequenz der Umdrehungen wird dabei in Hz gemessen: 1 Hz entspricht einer Umdrehung pro Sekunde. Wechselstrom in Deutschland hat eine Frequenz von 50 [Hz].

Nun bleibt aber der Wechselstrom während einer Umdrehung nicht konstant, sondern ändert sich mit dem Winkel der Spule zur Richtung der magnetischen Kraftlinien. Die Stromerzeugung folgt dabei einer Sinuskurve (s. Abb. 4.8): In diesem Rhythmus nimmt der Strom zuerst zu und dann wieder ab und so fort.

$$i = i_{max}{}^*\sin(\omega t) \qquad\qquad (4.28)$$

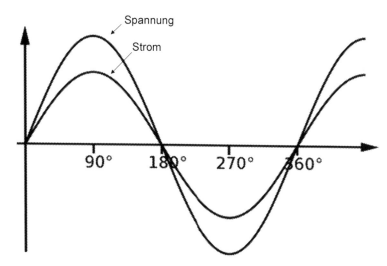

Abb. 4.8 Wechselstrom und Wechselspannung

ω heißt auch Kreisfrequenz. Die Spannung, die an den Spulenklemmen abgenommen wird, folgt der Bewegung des Stroms in Phase:

$$i = \left(\frac{u_{max}}{R}\right)^* \sin(\omega t) \tag{4.29}$$

Im täglichen Gebrauch ignoriert man die zeitliche Änderung von Wechselstrom und -spannung, sondern spricht von den jeweiligen Effektivwerten. So entspricht der Effektivwert für den Wechselstrom demjenigen Wert an Gleichstrom, der erforderlich ist, um dieselbe Leistung zu erzeugen ($P = U * I$ bzw. $P = R * I^2$). Analoges gilt für die Spannung.

Eine besondere Ausprägung von Wechselstrom wird im Drehstromgenerator erzeugt. Bei diesem werden drei unabhängige Wechselspannungen induziert. Die dafür erforderlichen Wicklungen auf einem Stator sind um 120° versetzt. Bei der Drehung des Rotors laufen die Magnetfelder mit und schneiden über den Luftspalt die Statorwicklungen (s. Abb. 4.9).

Dadurch wird die Wechselspannung erzeugt. Somit haben die drei Spannungen eine Phasenverschiebung ebenfalls um 120° bei gleicher Frequenz (synchron zur Drehzahl) und Amplitude. Die Schaltung dieser Wicklungen erfolgt entweder in Stern- oder Dreieckmanier (s. Abb. 4.10).

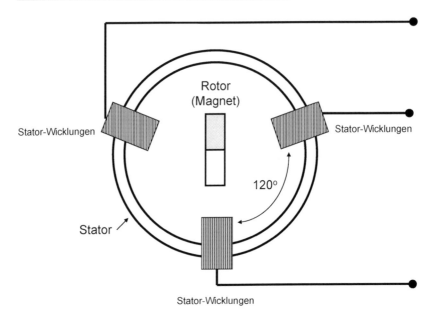

Abb. 4.9 Drehstromgenerator

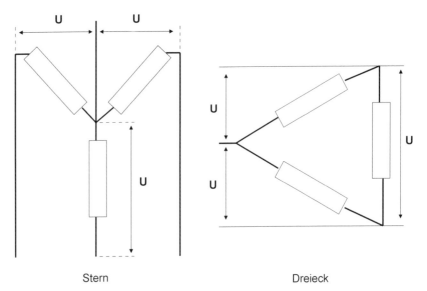

Stern   Dreieck

Abb. 4.10 Drehstromschaltungen

Um vergleichbar rechnen zu können, definiert man für Wechselspannung einen Effektivwert:

$$U_{eff} = \frac{U_s}{\sqrt{2}}$$ (4.30)

mit U_s der Spitzenspannung.

4.6 Maxwellsche Gleichungen

Zur weiteren Betrachtung führen wir eine neue Größe ein – die elektrische Flussdichte:

$$D = \frac{dQ}{dA} \ [As/m^2]$$ (4.31)

wobei dQ die Änderung der Ladung über einem Flächenelement dA ist. Betrachten wir jetzt wieder unseren klassischen Kondensator, über dessen Luftspalt kein Gleichstrom geht – anders jedoch beim Wechselstrom, bei dem ständig ein periodischer Richtungswechsel stattfindet, sodass die Kondensatoroberflächen beständig auf- und abgeladen werden. Die zeitliche Änderung der Flussdichte nennt man Verschiebungsstromdichte:

$$j = \frac{dD}{dt}$$ (4.32)

Maxwell erkannte, dass ebenso wie normaler Leitungsstrom auch Verschiebungsstrom in seiner Umgebung ein magnetisches Wirbelfeld erzeugt. Für das Vakuum lautet seine I. Gleichung wie folgt:

$$\int H^* dr = \frac{d}{dt} \int D^* dA$$ (4.33)

Physikalisch ausgedrückt bedeutet dieses:

> Jedes zeitlich veränderliche elektrische Feld erzeugt ein magnetisches Wirbelfeld.

Stellen wir uns nun einen ringförmigen Leiter in einem sich zeitlich verändernden Magnetfeld vor. Infolge des Induktionsgesetzes wird auf diese Weise ein elektrisches Wirbelfeld mit der Feldstärke E_{ind} erzeugt:

$$\int E_{ind}dr = -\frac{d}{dt}\int B^*dA \qquad (4.34)$$

– die II. Maxwellsche Gleichung, die physikalisch besagt:

Jedes zeitlich veränderliche Magnetfeld erzeugt ein elektrisches Wirbelfeld.

Die Maxwellschen Gleichungen demonstrieren auf eindrückliche Weise die Vereinigung von zunächst zwei unterschiedlichen Naturkräften – der elektrischen und der magnetischen – zum Elektromagnetismus.

4.7 Transformator

Ein Transformator dient dazu, Spannungen auf eine höhere (oder niedrigere) Ebene zu bringen, um z. B. Übertragungsverluste zu verringern. Er besteht aus zwei Spulen, die sich auf einem einzigen Eisenkern befinden (s. Abb. 4.11).

Diese haben unterschiedliche Windungszahlen N_1 (Primärspule) und N_2 (Sekundärspule). Dadurch haben diese ebenfalls verschiedene Induktivitäten L_1 und L_2. Legt man jetzt einen Wechselstrom an, so werden die beiden Spulen über den magnetischen Fluss gekoppelt. Dann gilt:

$$\frac{L_1}{L_2} = \left(\frac{N_1}{N_2}\right)^2 \qquad (4.35)$$

und für die Wechselspannung

$$u_1 = U_0^*e^{j\omega t} \qquad (4.36)$$

sowie für den Primärstrom (Spule 1)

$$i_1 = \frac{u_1}{(j^*\omega^*L_1)} \qquad (4.37)$$

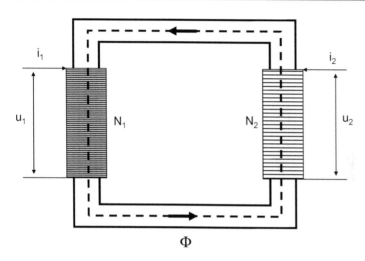

Abb. 4.11 Transformator

Der Primärstrom erzeugt nun den Magnetfluss

$$\Phi = L_1 {}^* \frac{i_1}{N_1} = \frac{u_1}{(j^* \omega^* N_1)} \tag{4.38}$$

Durch die periodische Änderung des Magnetfeldes entstehen in der Primärspule eine der u_1 entgegen gerichtete Selbstinduktionsspannung sowie die Gegeninduktionsspannung

$$u_2 = -N_2 {}^* \left(\frac{d\Phi}{dt} \right) = \frac{-N_2 {}^* (du_1/dt)}{(j^* \omega^* N_1)} = - \left(\frac{N_2}{N_1} \right)^* u_1. \tag{4.39}$$

Weil die Phase des magnetischen Flusses Φ der Phase der Primärspannung u_1 um $\pi/2$ nach- und der Phase der Sekundärspannung u_2 um $\pi/2$ vorläuft, handelt es sich bei u_1 und u_2 um Wechselspannungen in Gegenphase. Sie transformieren sich im Verhältnis der Windungszahlen:

$$\ddot{U} = \left| \frac{u_1}{u_2} \right| = \frac{N_1}{N_2}. \tag{4.40}$$

mit $\ddot{U}$ dem Übersetzungsverhältnis.

Strömungsmechanik 5

5.1 Einleitung

Jeder, der schon einmal einen Fahrradreifen aufgepumpt hat, hat auch gespürt, welchen Widerstand der Reifen gegen Ende der Operation dem weiteren Befüllen durch die Luftpumpe entgegensetzt. Und jeder weiß auch, dass diese Kraft mit dem Druck zusammenhängt – Druck, der ausgeübt wird durch die Kompression von Luft, – auf jeden Fall durch ein Medium, dass weder starr noch punktförmig ist.

Im Folgenden wollen wir uns nun mit Kräften und Bewegungen auseinandersetzen, die in Flüssigkeiten und Gasen eine Rolle spielen. Diese Medien, oder besser Aggregatzustände, müssen aber zunächst definiert werden: Wann redet man von einer Flüssigkeit, wann von einem Gas? Wir werden uns bei den Flüssigkeiten mit dem Druck (Hydrostatik), aber auch mit Auftrieb und anderen Strömungsphänomenen (Hydrodynamik) befassen und die wichtigsten Bewegungsgleichungen kennen lernen.

5.2 Flüssigkeiten

5.2.1 Definition

Heuristisch bereitet die Definition einer Flüssigkeit kein Problem. Jedes Kind weiß, dass es drei Aggregatzustände gibt: fest, flüssig, gasförmig. Es gibt aber Stoffe, wo

© Springer Fachmedien Wiesbaden 2014
W. Osterhage, *Energie ist nicht erneuerbar*, essentials,
DOI 10.1007/978-3-658-07635-1_5

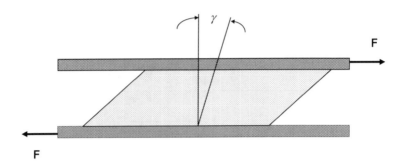

Abb. 5.1 Scherung

diese Zuordnungen nicht immer eindeutig sind: Teer, Lehm, Glas und andere. Wie definieren wir eine Flüssigkeit?

Eine Flüssigkeit ist ein Stoff, der einer scherenden Beanspruchung unbegrenzt nachgibt. Um das zu verstehen, müssen wir eine weitere Größe einführen – die Spannung (s. Abb. 5.1).

$$\tau = \frac{F}{A}[N/cm^2] \tag{5.1}$$

Spannung ist also das Verhältnis von Kraft F zu einer Fläche A. In unserem Falle reden wir von einer Schubspannung τ. Das bedeutet für eine Flüssigkeit, dass sie sich unbegrenzt verformt, wenn Schubspannungen auf sie wirken. Feste Körper dagegen erleben eine endliche Verformung, die bei Wegfall der auslösenden Kräfte entweder ganz, teilweise oder gar nicht zurückgehen kann. Die Verformung einer Flüssigkeit hört dann auf, wenn die entsprechenden Scherkräfte nachlassen.

Zur weiteren Definition einer Flüssigkeit greifen wir auf den Scherungswinkel γ zurück. Offenbar gilt:

$$\gamma = f(\tau) \tag{5.2}$$

Der Winkel hängt also ab von der Schubspannung. Das gilt zunächst für feste Körper. Bei Flüssigkeiten stellt sich jedoch überhaupt kein Scherungswinkel ein, da die Scherung mit der Zeit unbegrenzt wächst: Das Material fließt, strömt, sodass als Betrachtungsmaßstab nicht der Scherungswinkel, sondern seine Änderungsgeschwindigkeit herangezogen wird:

$$\dot{\gamma} = f(\tau)[s^{-1}] \tag{5.3}$$

(5.3) nennt man das Fließgesetz der Flüssigkeit.

Es gibt nun verschiedene Typen von Flüssigkeiten. Für unsere Betrachtungen wollen wir uns auf die so genannten Newtonschen Flüssigkeiten beschränken. Bei denen ist das Fließgesetz linear, sodass man (5.3) ersetzen kann durch:

$$\dot{\gamma} = \frac{\tau}{\eta} \qquad (5.4)$$

Die Proportionalitätskonstante η in [Pa s] bzw. [Ns/m^2] nennt man dynamische Zähigkeit bzw. dynamische Scherzähigkeit, auch dynamische Viskosität genannt, die für jede Flüssigkeit spezifisch ist. Das Verhalten der meisten Flüssigkeiten des täglichen Gebrauchs (Wasser, Öl) lässt sich durch dieses vereinfachte Modell hinreichend genau beschreiben. Aber auch bei diesen Flüssigkeiten bleibt die Konstante nicht konstant, sonder lediglich spezifisch. Sie kann sich mit Druck und Temperatur ändern, wobei wir für den Hausgebrauch hier die Druckabhängigkeit vernachlässigen wollen. Für die Temperaturabhängigkeit findet man entsprechende Tabellen in der technischen Literatur.

Vieles von dem bisher Ausgeführten gilt gleichermaßen auch für Gase (mit Ausnahme der hier vernachlässigten Druckabhängigkeit). In unserer Erörterung wollen wir aber bei den tropfbaren Flüssigkeiten bleiben. Dazu müssen wir den Begriff der Dichte einführen:

$$\rho = \frac{m}{V} [g/m^3] \qquad (5.5)$$

Die Dichte ist das Verhältnis von Masse zu Volumen in der Einheit [g/cm^3]. Die Dichte von tropfbaren Flüssigkeiten ist quasi unabhängig von Druck und Temperatur.

5.2.2 Druck

Aus dem Gesagten geht hervor, dass in einer ruhenden Flüssigkeit keine Schubspannungen auftreten können. Die Kräfte, die auf ein Flüssigkeitsvolumen durch umgebende Flüssigkeiten oder feste Wände ausgeübt werden, sind normal zum betrachteten Flüssigkeitsvolumen gerichtet. Des Weiteren handelt es sich bei diesen Kräften ausschließlich um Druckkräfte und nicht um Zugkräfte.

Die Druckkraft auf ein Flächenelement einer Flüssigkeitsoberfläche ist proportional zur Größe dieses Flächenelements. Somit definiert sich der Druck als:

$$p = \frac{F}{A} [Pa] \tag{5.6}$$

mit 1 Pascal = 1 [N/m²]

Eine weitere Folgerung aus diesen Betrachtungen ist, dass der Druck in einer ruhenden Flüssigkeit in alle Richtungen gleich ist. Den vom Gewicht einer Flüssigkeit in ihrem Inneren herrührenden Druck nennen wir Gewichtsdruck oder hydrostatischen Druck.

Der hydrostatische Druck hängt nur von der Tiefe h und dem spezifischen Gewicht ρ der Flüssigkeit ab. Es gilt:

$$P = h^*\rho \tag{5.7}$$

5.2.3 Auftrieb

Taucht man einen beliebig geformten Körper in eine Flüssigkeit ein, so stellt man eine scheinbare Gewichtsverminderung dieses Körpers fest. Zugrunde liegt hier das Archimedische Prinzip.

Dieses besagt, dass der Betrag, um den sich das Gewicht des Körpers scheinbar verringert, gleich ist dem Gewicht der verdrängten Flüssigkeitsmenge.

Ist nun V der Volumeninhalt des eingetauchten Körpers, ρ die Dichte der Flüssigkeit und g die Erdbeschleunigung, so ergibt sich für die Auftriebskraft:

$$F_A = \rho^*g^*V \tag{5.8}$$

Das lässt sich dadurch veranschaulichen, dass die Druckkraft, ausgelöst durch das Gewicht des Körpers, im Gleichgewicht ist mit derjenigen Kraft, die durch das Gewicht der verdrängten Flüssigkeit vor der Verdrängung auf die Gesamtflüssigkeit ausgeübt wurde. Ist der Auftrieb eines Körpers beim völligen Eintauchen größer als sein Gewicht, so schwimmt er an der Oberfläche; ist der Auftrieb kleiner als das Gewicht, so sinkt er unter; ist der Auftrieb gleich dem Gewicht, so schwebt er in der Flüssigkeit.

Abb. 5.2 Stromlinien

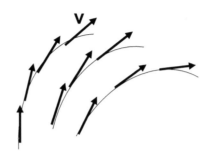

5.2.4 Strömung

Um uns den Bewegungen von Flüssigkeiten zu nähern, führen wir den Begriff des „Flüssigkeitsteilchens" ein. Zunächst denken wir uns eine geschlossene Fläche, durch welche ein Flüssigkeitsvolumen abgegrenzt wird. Diese Fläche schwimmt sozusagen in einer Flüssigkeitsströmung mit. Verkleinern wir gedanklich diese Fläche auf einen infinitesimal kleinen Punkt, so sprechen wir von einem Flüssigkeitsteilchen. Ein Flüssigkeitsteilchen ist also eine ideale Entität. Im Experiment kann man sich dem wiederum annähern durch einen Tropfen, obwohl hier die infinitesimale Größe natürlich bereits überschritten ist. Tropfen haben in Wirklichkeit darum wiederum eine eigene interne Dynamik.

Das Flüssigkeitsteilchen wird deshalb benötigt, um Bewegungsgrößen einführen zu können. Aus der Mechanik wissen wir, dass z. B. Geschwindigkeit bzw. Beschleunigung Größen sind, die nur für punktförmige Gebilde exakt hergeleitet werden können.

Die Bewegung einer Flüssigkeit wird durch ein Geschwindigkeitsfeld beschrieben:

$$\mathbf{v}(x, y, z, t) \tag{5.9}$$

mit den Komponenten:

$$u(x, y, z, t), v(x, y, z, t), w(x, y, z, t) \tag{5.10}$$

Dieser Vektor gibt die Geschwindigkeit eines Flüssigkeitsteilchens in x-, y- und z-Richtung zum Zeitpunkt t an.

Mit der Zeit ändern sich die von $\mathbf{v}$ beschriebenen Richtungen. Diejenigen Linien in einem Geschwindigkeitsfeld, deren Tangenten mit der wechselnder Richtung von $\mathbf{v}$ übereinstimmen, nennt man Stromlinien (s. Abb. 5.2). Ändern sich die Stromlinien

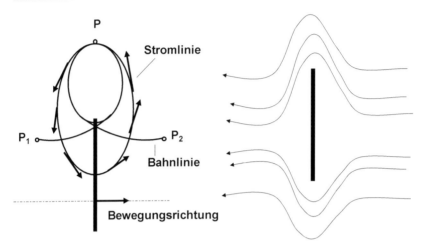

Abb. 5.3 Bahnlinien

nicht und damit die Richtungen von **v** nicht mit der Zeit bei konstantem Druck und konstanter Dichte, spricht man von einer stationären Strömung.

Man unterscheidet von den Stromlinien die Bahnlinien (s. Abb. 5.3). Bahnlinien beschreiben die individuelle Bewegung eines Flüssigkeitsteilchens mit der Zeit. Bei stationären Strömungen fallen Stromlinien und Bahnlinien zusammen. Instationäre Strömungen sind z. B. Wirbel, bei denen Flüssigkeitsteilchen gegenüber einem sich in einer Flüssigkeit bewegenden Gegenstand zunächst ihre individuelle Bahnlinie beschreiben, bevor sie auf die Stromlinie einschwenken. Für einen Beobachter, der sich mit dem störenden Gegenstand bewegt, erscheint die Strömung grundsätzlich stationär.

Häufig genügt bei bestimmten Problemstellung die Betrachtung einer ebenen Strömung, sodass sich (5.10) auf

$$u = u(x, y, t), \quad v = v(x, y, t), \quad w = 0 \tag{5.11}$$

reduziert.

5.2.5 Bewegungsgleichungen

In einer strömenden Flüssigkeit treten außer Druck noch Schubspannungen auf. Letztere werden u. a. durch Reibungen an begrenzenden Wänden hervorgerufen. Für die folgenden Betrachtungen vernachlässigen wir diesen Effekt und konzentrieren uns auf die reibungsfreie stationäre Strömung. Für eine ruhende Flüssigkeit gilt zunächst:

$$p_2 + \rho^* g^* z_2 = p_1 + \rho^* g^* z_1 \qquad (5.12)$$

wobei p_1 und p_2 die Drücke an zwei verschiedenen Punkten, und z_1 und z_2 die Höhen dieser Punkte sind. Bei einer strömenden Flüssigkeit nehmen wir an, dass zwischen den Punkten 1 und 2 der Druck abnimmt. Nimmt aber der Druck ab, so erhöht sich die Geschwindigkeit der Strömung von 1 nach 2. Die Geschwindigkeitskomponente sei u (nach 5.11). Dann gilt:

$$p_2 + u_2^{2*}\rho/2 = p_1 + u_1^{2*}\rho/2 \qquad (5.13)$$

Fügen wir nun die Schwerkraft auf diese Flüssigkeit hinzu. so erhält man die Bernoullische Gleichung:

$$p^2 + u_2^{2*}\rho/2 + \rho^* g^* z_2 = p_1 + u_1^{2*}\rho/2 + \rho^* g^* z_1 \qquad (5.14)$$

Für einen festen Bezugspunkt und einer einzigen Variablen wandelt sich (5.14) zu:

$$P + u_2^* \frac{\rho}{2} + \rho^* g^* z = C \qquad (5.15)$$

C kann allerdings von Stromlinie zu Stromlinie variieren. Für viele Strömungen gilt sie aber über den ganzen betrachteten Strömungsquerschnitt. Die Bernoullische Gleichung besagt, dass der Gesamtdruck (statischer plus Staudruck) z. B. in einer horizontalen Röhre überall gleich ist.

Die Beschleunigungsgleichungen für stationäre Strömungen in ihren Komponenten lauten:

$$a_x = u^* \frac{\partial u}{\partial x} + v^* \frac{\partial u}{\partial y} + w^* \frac{\partial u}{\partial z} \qquad (5.16)$$

$$a_y = u^* \frac{\partial v}{\partial x} + v^* \frac{\partial v}{\partial y} + w^* \frac{\partial v}{\partial z} \qquad (5.17)$$

$$a_z = u^* \frac{\partial w}{\partial x} + v^* \frac{\partial w}{\partial y} + w^* \frac{\partial w}{\partial z} \qquad (5.18)$$

Nun sei dV ein kleines Volumenelement in einer reibungsfreien Strömung. Eine Druckkraft wirkt entlang der x-Richtung:

$$-\left(\frac{\partial p}{\partial x}\right)^* dV \qquad (5.19)$$

Zusätzlich wirkt die Volumenkraft $f_x * dV$. Dann gilt das mechanische Grundgesetz:

$$\rho^* dV^* a_x = \left(-\frac{\partial p}{\partial x} + f_x\right)^* dV \tag{5.20}$$

Nach Division durch dV und Einsetzen von (5.16) erhält man:

$$\rho^* \left(u^* \frac{\partial u}{\partial x} + v^* \frac{\partial u}{\partial y} + w^* \frac{\partial u}{\partial z}\right) = \frac{\partial p}{\partial x} + f_x \tag{5.21}$$

und analog dazu für die y- und z-Richtungen:

$$\rho^* \left(u^* \frac{\partial v}{\partial x} + v^* \frac{\partial v}{\partial y} + w^* \frac{\partial v}{\partial z}\right) = \frac{\partial p}{\partial y} + f_y \tag{5.22}$$

$$\rho^* \left(u^* \frac{\partial w}{\partial x} + v^* \frac{\partial w}{\partial y} + w^* \frac{\partial w}{\partial z}\right) = \frac{\partial p}{\partial z} + f_z \tag{5.23}$$

(5.21–5.23) nennt man die Eulerschen Gleichungen der Hydrodynamik.

5.2.6   Die Eulersche Turbinengleichung:

Bei einer Radialturbine sei die Strömungsgeschwindigkeit relativ zum Beobachter mit v bezeichnet. Der Betrag dieser Geschwindigkeit vor Eintritt in das Laufrad sei v_1, nach Austritt v_2. Außerdem hat v_1 eine Komponente v_{u1} in Umfangrichtung des Rades. Beim Verlassen des Laufrades sei diese Komponente v_{u2}.

Zur weiteren Betrachtung dient die Definition des „Dralls". Gesetzt der Abstand eines Massenpunktes m von einer Achse sei r. Dieser Massenpunkt bewegt sich mit einer Geschwindigkeit w um diese Achse. Die Ebene, in der w sich bewegt, steht senkrecht zu r. Dann wird der Drehimpuls, auch Drall genannt, des Massenpunktes wie folgt berechnet (skalar):

$$L = m^* w^* r \tag{5.24}$$

Das zugehörige Drehmoment ist dann

$$M = \frac{dL}{dt} \tag{5.25}$$

Wenn man den Drallsatz auf das Laufrad mit den Radien r_1 und r_2, die willkürliche Abstände von der Achse bedeuten, zur Zeit t anwendet, dann erhalten wir:

$$\frac{dL}{dt} = \dot{m}*(r_2*c_{u2} - r_1*c_{u1}) \qquad (5.26)$$

und als nutzbares Moment der Turbine:

$$M = \dot{m}*(r_a*c_{ua} - r_e*c_{ue}) \qquad (5.27)$$

mit $\dot{m}$ dem Massenstrom des Dampfes bzw. des Gases und r_a bzw. r_e dem Austritts- bzw. Eintrittsradius der Turbine, wobei

$$r_a - r_e = b \qquad (5.28)$$

der Schaufelbreite entspricht.

Energiebilanz allgemein

Wir haben erfahren, dass für die Erstellung einer Energiebilanz im Wesentlichen der I. und II. Hauptsatz der Thermodynamik die Grundlage bilden. Auf dieser Grundlage und unter Zuhilfenahme der Konzepte von Exergie und Anergie lassen sich diese Bilanzen für dezidierte Komponente oder auch ganzen Anlagen errechnen. Im Ergebnis geht es physikalisch immer um den Wirkungsgrad bzw. den Verlust nutzbarer Energie.

6.1 Energiebilanzen vollständig

Strebt man allerdings eine vollständige Bilanz unter den Gesichtspunkten von Umweltverträglichkeit und Wirtschaftlichkeit an, muss man in der Berechnungskette früher beginnen. Dann muss man in der Tat für den gesamten Energiekreislauf folgendes Schema zur Anwendung bringen (Abb. 6.1):

Unter volkswirtschaftlichen Gesichtspunkten kommen schließlich noch ganz andere Voraussetzungen hinzu:

- infrastrukturelle wie Straßen für Transporte
- Schienen und Betriebsstätten
- Regeneration von Arbeitskraft

© Springer Fachmedien Wiesbaden 2014
W. Osterhage, *Energie ist nicht erneuerbar,* essentials,
DOI 10.1007/978-3-658-07635-1_6

- Rohstoffgewinnung, Aufbereitung, Entsorgung der Reststoffe, alle Zwischentransporte für
  - Brennstoffe
  - Materialien zur Komponenten-Herstellung
  - Betriebsstoffe
- Herstellung der Komponenten inkl.
  - bauliche Voraussetzungen (Fabriken)
  - Produktionsvoraussetzungen (Maschinen)
  - Entsorgung der dabei anfallenden Abfälle
  - alle Zwischentransporte
- Montage der Anlage ....
- Betrieb der Versorgungsinfrastruktur ....
- Entsorgung der Asche ....
- ....

Abb. 6.1 Gesamtenergiebilanz

und all die Overheads wie Verwaltung und ähnliches, die für eine ehrliche Bilanz eigentlich berücksichtigt werden sollten.

Schluss

In diesem komprimierten Überblick über das hoch-aktuelle Energie-Thema wurde der Begriff „erneuerbare Energie" in die physikalisch korrekte Perspektive der Umwandlung endlicher nutzbarer Energievorräte gerückt. Die dargestellten physikalischen Grundlagen, die in jeder Energieumwandlungsanlage, in jedem dazu gehörigen Aggregat eine wichtige Rolle spielen, wurden in den Grundzügen dargelegt. In all diesen Prozessen gelten die Erkenntnisse der beiden Hauptsätze der Thermodynamik.

Dieses Essential ist das erste in einer Reihe von dreien. In einem weiteren Beitrag werden dann alle Formen der Energiepotenziale auf deren Grundursachen – letztendlich atomare und kernphysikalische Vorgänge – zurückgeführt, bevor dann in einer weiteren Darstellung eine Zusammenstellung der wichtigsten gängigen technischen Umsetzungen der Energie-Umwandlung präsentiert wird.

© Springer Fachmedien Wiesbaden 2014
W. Osterhage, *Energie ist nicht erneuerbar,* essentials,
DOI 10.1007/978-3-658-07635-1

Was Sie aus diesem Essential mitnehmen können

- physikalisches Grundverständnis der Energieproblematik und der Energiebilanzierung
- Verständnis der Welt der physikalischen Prozesse
- physikalische Grundlagen, die bei der Energieumwandlung eine wichtige Rolle spielen

© Springer Fachmedien Wiesbaden 2014
W. Osterhage, *Energie ist nicht erneuerbar,* essentials,
DOI 10.1007/978-3-658-07635-1

Literatur

Aichele, Christian. 2012. *Smart energy*. Wiesbaden: Springer.
Baehr, Hans Dieter. 2005. *Thermodynamik: Grundlagen und technische Anwendungen*. Heidelberg: Springer.
Osterhage, Wolfgang. 2013. *Studium Generale Physik*. Heidelberg: Springer.

© Springer Fachmedien Wiesbaden 2014
W. Osterhage, *Energie ist nicht erneuerbar*, essentials,
DOI 10.1007/978-3-658-07635-1